极端热湿气候区屋面节点构造图集

谢静超　主编

中国建筑工业出版社

图书在版编目（CIP）数据

极端热湿气候区屋面节点构造图集 / 谢静超主编
. — 北京：中国建筑工业出版社，2023.9
ISBN 978-7-112-29131-1

Ⅰ. ①极… Ⅱ. ①谢… Ⅲ. ①屋面工程-接缝构造-
结构设计-图集 Ⅳ. ①TU111.2-64

中国国家版本馆 CIP 数据核字（2023）第 172198 号

　　本书梳理了建筑屋面热工设计的原则和建筑节能屋面的类型，概括了适应极端热湿气候区的建筑屋面构造形式和设计方法，给出了平屋面、坡屋面两类屋面的节点构造。主要内容包括建筑屋面隔热、排热、防辐射、防潮的原理及相应措施，极端热湿气候区建筑屋面构造主要材料的选用，不同类型屋面构造设计方法，主要屋面设计参数及测试方法，建筑屋面热工设计参数、隔热材料厚度和当地气候环境的匹配关系，最后构建出符合现有规范标准，并与极端热湿气候条件相适应的屋面构造方式。

　　本书可供热带海岛地区民用建筑供暖、通风与空气调节设计、能耗模拟以及节能评估等人员使用，也可供相关专业大专院校师生使用。

责任编辑：胡明安
责任校对：张　颖
校对整理：赵　菲

极端热湿气候区屋面节点构造图集
谢静超　主编

*

中国建筑工业出版社出版、发行（北京海淀三里河路9号）
各地新华书店、建筑书店经销
北京鸿文瀚海文化传媒有限公司制版
建工社（河北）印刷有限公司印刷

*

开本：787 毫米×1092 毫米　横 1/16　印张：2¾　字数：75 千字
2023 年 10 月第一版　　2023 年 10 月第一次印刷
定价：**15.00** 元
ISBN 978-7-112-29131-1
（41693）

本书编委会

主编单位：北京工业大学

参编单位：91053 部队
西安建筑科技大学
华南理工大学
上海交通大学
内蒙古工业大学
大连理工大学
北京住宅建筑设计研究院有限公司
北京城建集团有限责任公司

主　　编：谢静超

副 主 编：张晓静　杨　红

编著人员：薛　鹏　姬　颖　王莹莹　王浩宇　李　琼
　　　　　王建平　陈尚沅　聂金锟　张会波　李媛媛
　　　　　白　璐　刘燕南　武利璇　楼媛媛　吕　阳
　　　　　郑智森　徐　鑫　常褚言

主　　审：刘加平

前　　言

中国南海海域自古以来属于我国领土，南海大部分区域全年日平均气温不低于 25℃ 的天数远大于 200 天，故被称为"极端热湿气候区"，绘制极端热湿气候区标准图集，是维护我国海洋国土安全的重大战略需求，不仅引领南海岛礁超低能耗建筑的发展，提升驻岛边防官兵和岛礁居民的宜居水平，也为服务南海领土安全和国防建设作出重要贡献。

本图集主要基于极端热湿气候区的民用建筑和工业建筑绘制。绘制时参考了大量的建筑设计规范和标准，分别对平屋面与坡屋面的施工进行说明并提供图纸案例。在平屋面的介绍中，对于屋面的檐沟、高低女儿墙泛水和检修孔等一系列构造分别针对正置式屋面与倒置式屋面进行介绍；在坡屋面的介绍中，主要介绍块瓦屋面，其中包括介绍平瓦、水泥彩瓦与西式陶瓦，并对屋面构造组成及采用的材料、保温隔热层、防水层、持钉层的铺设与施工作出要求与规定。

本图集主要具有以下特点：

（1）清晰表达设计意图，为满足我国极端热湿地区的建筑设计需求，本图集采用平面图、剖面图等形式，呈现出极端热湿地区的建筑屋面的设计理念和意图。它们展示建筑的外观、空间布局、尺寸比例等，帮助其他相关方了解设计的整体概念和预期效果。

（2）详细展现技术细节，本图集包含建筑的详细技术细节，如结构设计、施工方法、材料规格等，同时配有文字说明、图例和标注，以确保信息的完整性和准确性，为工程技术人员、施工团队和供应商提供必要的信息，确保建筑工程按照设计要求进行施工。

（3）充分加强协调与沟通，本图集作为一种标准化的工具，旨在帮助不同专业人员有效地合作和沟通。它们在设计师、工程师、施工队伍和监理工程师之间建立了一个共同的语言，确保各方对项目的要求和期望达成一致。

本图集可以作为建筑师和设计师的参考资料，为其提供丰富的屋面结构案例；也可以作为本科生与研究生教学和学术研究的参考资料，帮助学生理解建筑设计原理、空间布局和材料运用等方面的知识。还可以作为普通公众和建筑爱好者的收藏品和参考资料。

由于编者水平所限，本图集中尚存一些不妥之处，欢迎各位读者不吝指正。

目　录

1. 正置式屋面说明

1.1 适用范围

本图集适用于极端热湿气候区民用建筑和工业建筑，主要用于岛礁建筑钢筋混凝土结构屋面。极端热湿气候区包括：部分夏热冬暖地区（从北纬22°向南延伸19°到达曾母暗沙附近），如广东省、广西壮族自治区部分地区、海南省全部。极端热湿气候区是指近地表面的空气温度、湿度的日、月平均值常年处于地表极高值的地区。

1.2 设计依据

《屋面工程技术规范》GB 50345-2012
《屋面工程质量验收规范》GB 50207-2012
《倒置式屋面工程技术规程》JGJ 230-2010
《建筑防火通用规范》GB 55037-2022
《民用建筑热工设计规范》GB 50176-2016
《公共建筑节能设计标准》GB 50189-2015
《建筑内部装修设计防火规范》GB 50222-2017
《夏热冬冷地区居住建筑节能设计标准》JGJ 134-2010
《夏热冬暖地区居住建筑节能设计标准》JGJ 75-2012
《建筑节能工程施工质量验收标准》GB 50411-2019
《民用建筑设计统一标准》GB 50352-2019
《建筑防火封堵应用技术标准》GB/T 51410-2020
《砌体结构通用规范》GB 55007-2021
《混凝土结构通用规范》GB 55008-2021
《建筑抗震设计规范（2016年版）》GB 50011-2010
《建筑工程施工质量验收统一标准》GB 50300-2013

1.3 基本要求

1.3.1 屋面防水工程应根据建筑物类别、重要程度、使用功能等确定防水等级，并应按相应防水等级进行防水设防；对防水有特殊要求的建筑屋面，应进行专项防水设计。屋面防水等级和设防要求应符合表1.3.1的规定。

屋面防水等级和设防要求　　　　表1.3.1

防水等级	建筑物类别	设防要求
I级	重要建筑和高层建筑	两道防水设防
II级	一般建筑	一道防水设防

1.3.2 材料选择与使用

根据当地历年最高气温、最低气温、屋面坡度和使用条件等因素，选择合适耐热度和低温柔性防水材料；根据地基变形程度、结构形式、当地年温差、日温差和振动等因素，选择合适拉伸性能的防水材料；根据屋面防水层的暴露程度，选择合适耐紫外线、耐老化、耐霉烂的材料。细石混凝土层、混凝土结构层不得作为一道防水层设防。

1.4 找坡层和找平层

1.4.1 混凝土结构层宜采用结构找坡，坡度不应小于3%；当采用材料找坡时，宜采用质量轻、吸水率低和有一定强度的材料，坡度宜为2%。材料找坡可用现浇1:8水泥加气混凝土碎块、1:0.2:3.5水泥粉煤灰页岩陶粒、1:8水泥憎水型膨胀珍珠岩等轻骨料混凝土，强度等级不低于LC5.0。

1.4.2 当采用混凝土板架空隔热层时，屋面坡度不宜大于5%。

1.4.3 卷材、涂膜的基层宜设找平层。找平层厚度和技术要求应符合表1.4.3的规定。

找平层厚度和技术要求 表1.4.3

找平层分类	适用的基层	厚度(mm)	技术要求
细石混凝土	整体现浇混凝土板	15～20	1:2.5水泥砂浆
	整体材料保温层	20～25	
水泥砂浆	装配式混凝土板	30～35	C20混凝土加双向ϕ4@300钢筋网片
	板状材料保温层		C20细石混凝土

1.4.4 保温层上的找平层应留设分格缝，分格缝宽度为5～20mm，纵横缝的间距不大于6m，且与结构板缝对位留设。

1.5 保温隔热层

1.5.1 保温层及其保温材料见表1.5.1。

保温层及其保温材料 表1.5.1

保温层	保温材料
层板状材料保温层	聚苯乙烯泡沫塑料、硬质聚氨酯泡沫塑料、憎水型膨胀珍珠岩制品、泡沫玻璃制品、加气混凝土砌块、泡沫混凝土块
纤维材料保温层	玻璃棉板、玻璃棉毡、岩棉、矿渣棉制品
整体材料保温层	喷涂硬泡聚氨酯、现浇泡沫混凝土

1.5.2 保温材料的导热系数、表现密度或干密度、抗压强度或压缩强度、燃烧性能必须符合设计要求。保温材料主要性能指标应符合《屋面工程技术规范》GB 50345-2012的要求。保温隔热层应根据建筑气候分区、建筑物类型、节能要求、防火要求等按照所在地节能标准设计。

1.5.3 隔汽层

当屋面结构冷凝界面内侧实际具有的蒸汽渗透阻力小于所需值，室内湿汽有可能透过屋面结构层进入保温层时，应在结构层上、保温层下设置隔汽层。隔汽层应选用气密性、水密性好的材料，如氯化聚乙烯防水卷材、SBS改性沥青防水卷材、高分子防水卷材、沥青基聚酯胎湿铺防水卷材（PY类）、聚氨酯防水涂料等。隔汽层应沿边墙面向上连续铺设，高出保温层上表面不得小于150mm。

1.5.4 屋面排汽构造和屋面保温层施工过程中，应采取措施避

图集名	平屋面说明（二）	图集号	WM1-1（二）

免保温隔热材料受潮，保持材料干燥。封闭式保温层或保温层干燥有困难的卷材屋面施工时，如果采用吸湿性保温材料做保温层，宜采取排汽构造。保温层表面的找平层设置的分格缝可兼做排汽槽，宽度宜为 40mm；或设排汽管。排汽道纵横贯通，排汽道中心距不大于 6m。屋面每 $36m^2$ 应设一个排汽口，并做防水处理。

1.5.5　架空隔热层

架空隔热层及其支座的质量应符合国家现行有关材料标准的规定。根据当地炎热季节最大频率风向安排进风口和出风口，风口与垂直墙面的距离不应小于 250mm，架空层高度为 180～300mm。当屋面宽度大于 10m 时，架空隔热层中部应设置通风屋脊。屋面有上人或有其他特殊荷载要求时，应计算保温层或架空隔热层强度。采取相应保护措施。

1.6　建筑屋面排水设计与构造

1.6.1　钢筋混凝土檐沟、天沟净宽度不应小于 300mm，分水线处最小深度不应小于 100mm；沟内纵向坡度不应小于 1%，沟底水落差不得超过 200mm；檐沟、天沟排水不得流经变形缝和防火墙。

1.6.2　高跨度屋面为无组织排水时，其低跨度屋面受水冲刷的部位应加铺一层卷材，并应铺设 40～50mm 厚、300～500mm 宽的 C20 细石混凝土保护层；高跨度屋面为有组织排水时，水落管下应加设水簸箕。

1.6.3　雨水斗、雨水管及排汽管，优先选用 PVC-U 硬聚氯乙烯制品、玻璃钢制品或采用钢制品。多层住宅宜选用防攀半圆 PVC 落水管。雨水及其配件按产品标准选用。

1.6.4　虹吸式屋面雨水排水系统应按专项技术规程配合给水排水专业进行设计和施工。

1.7　建筑屋面防火要求

1.7.1　建筑屋面外保温系统，当屋面板的耐火极限不低于 1.00h 时，保温材料的燃烧性能不应低于 B2 级；当屋面板的耐火极限低于 1.00h 时，保温材料的燃烧性能不应低于 B1 级。采用 B1、B2 级保温材料的外保温系统应采用不燃材料做防护层，防护层的厚度不应小于 10mm。当建筑屋面和外墙外保温系统均采用 B1、B2 级保温材料时，屋面与外墙之间应采用宽度不小于 500mm 的不燃材料设置防火隔离带进行分隔。

1.7.2　不得直接在可燃保温材料上进行防水材料的热熔、热结法施工。

1.8　变形缝节点构造说明

1.8.1　采用材料变形缝的构造和材料时，应根据其部位和需要分别采取防排水、防火、保温、防老化、防腐蚀、防虫害和防脱落等措施。

1.8.2　设计选用原则

（1）工程设计人员根据项目设计中变形缝所在部位确定选用类型；根据设计缝宽选用伸缩量；最后根据装饰效果、连接方式确定选用型号。

（2）根据建筑部位防火要求选配阻火带，并在项目设计中注明耐火时间要求。

（3）对防火要求较高的楼地面除可设置止水带外，还可以选用在铝合金基座上安装有止水胶的产品。

（4）对噪声要求较高的楼地面，可以选用带有橡胶条的产品。

（5）对有保温、隔热要求的外墙和屋面，可在变形缝内设置保温、隔热材料，保温、隔热材料的选用和厚度的选择按所在地的燃烧性能等级要求及热工要求由单项工程设计确定。

（6）为保持整体美观，在同一项工程中，内墙与顶棚应尽量选用同一产品；地面与墙面应选用宽度相同的产品。

2. 倒置式屋面说明

倒置式屋面部分的适用范围和设计依据见正置式屋面说明。

2.1 一般规定

2.1.1 倒置式屋面工程的防水等级应为Ⅰ级，防水层合理使用年限不得少于 20 年。倒置式屋面的保温层使用年限不宜低于防水层使用年限。

2.1.2 倒置式屋面基本构造由结构层、找坡层、找平层、防水层、保温层、隔离层和保护层组成。

2.1.3 材料选用

（1）倒置式屋面的防水层材料耐久性应符合设计要求；保温层应选用表观密度小、压缩强度大、导热系数小、吸水率低的保温材料，不得使用松散保温材料。

（2）保温材料的性能应符合下列规定：

1）导热系数 $\lambda \leqslant 0.080 W/（m \cdot K）$；

2）使用寿命应满足设计要求；

3）压缩强度或抗压强度不应小于 150kPa；

4）体积吸水率不应大于 3％。

（3）倒置式屋面的保温材料可选用挤塑聚苯乙烯泡沫塑料板、硬泡聚氨酯板、硬泡聚氨酯防水保温复合板、喷涂硬泡聚氨酯及泡沫玻璃保温板等。模塑聚苯乙烯泡沫塑料板的吸水率应符合设计要求。

（4）保温材料胶粘剂应与保温材料和防水材料相容，其粘结强度应符合设计要求。

2.2 找坡层和找平层

2.2.1 倒置式屋面找坡层设计应符合下列规定：

（1）屋面宜结构找坡。

（2）当屋面单向坡长大于 9m 时，应采用结构找坡。

（3）当屋面采用材料找坡时，坡度宜为 3％，最薄处找坡层厚度不得小于 30mm。找坡宜采用轻质材料或保温材料。

2.2.2 倒置式屋面找平层设计应符合下列规定：

（1）防水层下应设找平层。

（2）结构找坡的屋面可采用原浆表面抹平、压光。

（3）找平层可采用水泥砂浆或细石混凝土，厚度宜为 15～40mm。

（4）找平层应设分格缝，缝宽宜为 10～20mm，纵横缝的间距宜大于 6m；纵横缝应用密封材料嵌填。

（5）在凸出屋面结构的交接处以及基层的转角处均应做成圆弧形，圆弧半径不宜小于 130mm。

2.3 防水层

应选用耐腐蚀、耐霉烂、适应基层变形能力的防水材料。

2.4 保温层

倒置式屋面保温层的设计厚度应按计算厚度增加 25％取值，且最小厚度不得小于 25mm。

2.5 保护层

2.5.1 保护层的设计应根据倒置式屋面的使用功能、自然条件、屋面坡度合理确定。

2.5.2 倒置式屋面保护层设计应符合下列规定：

（1）保护层可选用卵石、混凝土板块、地砖、水泥砂浆、细石混凝土等材料；

（2）保护层的质量应保证当地 30 年一遇最大风力时保温板不被刮起和保温层在积水状态下不浮起；

（3）当采用板块材料、卵石做保护层时，在保温层与保护层之间应设置隔离层；当采用卵石做保护层时，其粒径宜为40～80mm；

（4）当采用板块材料做上人屋面保护层时，板块材料应采用水泥砂浆坐浆平铺，板缝应采用砂浆勾缝处理；当屋面为非功能性上人屋面时，板块材料可干铺，厚度不应小于 30mm；

（5）当采用水泥砂浆做保护层时，应设表面分格缝，分格面积宜为 1m^2；

（6）当采用板块材料、细石混凝土做保护层时，应设分格缝，板块材料分格面积不宜大于 100m^2，细石混凝土分格面积不宜大于 36m^2，分格缝宽度不宜小于 20mm，分格缝应用密封材料嵌填；

（7）细石混凝土保护层与山墙、凸出屋面墙体、女儿墙之间应预留宽度为 30mm 的缝隙。

2.6 其他

本图集未注明单位的尺寸均以毫米（mm）为单位。

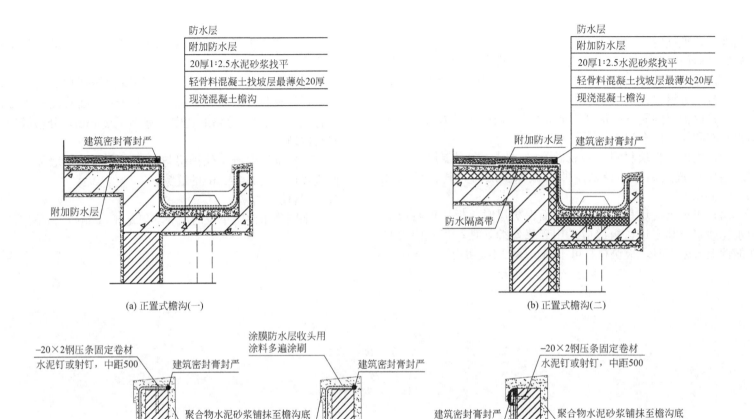

防水层
附加防水层
20厚1:2.5水泥砂浆找平
轻骨料混凝土找坡层最薄处20厚
现浇混凝土檐沟

建筑密封膏封严

附加防水层

(a) 正置式檐沟(一)

防水层
附加防水层
20厚1:2.5水泥砂浆找平
轻骨料混凝土找坡层最薄处20厚
现浇混凝土檐沟

附加防水层   建筑密封膏封严

防水隔离带

(b) 正置式檐沟(二)

−20×2钢压条固定卷材
水泥钉或射钉,中距500
建筑密封膏封严
聚合物水泥砂浆铺抹至檐沟底

(c) 详图(一)

涂膜防水层收头用
涂料多遍涂刷
建筑密封膏封严

(d) 详图(二)

−20×2钢压条固定卷材
水泥钉或射钉,中距500
建筑密封膏封严   聚合物水泥砂浆铺抹至檐沟底

(e) 详图(三)

说明:
1．附加防水层伸入屋面的宽度不应小于250mm,应由沟底翻上至外侧顶部。应满足最小厚度要求,空铺宽度不小于
100mm。涂膜附加层应夹铺胎体增强材料。
2．檐沟外侧高于屋面结构板时,应设置溢水口。
3．当屋面和外墙均采用B1、B2级保温材料时,檐口宽度不小于500mm范围内选用A级保温材料设置防水隔离带。

| 图集名 | 正置式屋面檐沟 | 图集号 | WM1-2 |

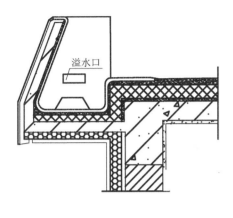

(a) 带斜板檐沟

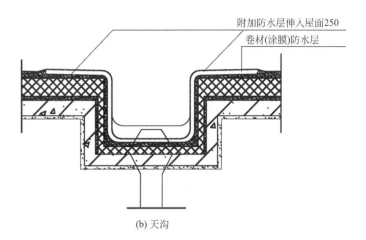

附加防水层伸入屋面250

卷材(涂膜)防水层

(b) 天沟

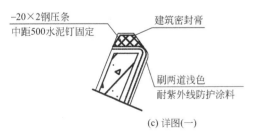

−20×2钢压条
中距500水泥钉固定

建筑密封膏

刷两道浅色
耐紫外线防护涂料

(c) 详图(一)

防水涂料多遍涂刷

刷两道浅色
耐紫外线防护涂料

(d) 详图(二)

说明:
1. 涂膜防水的附加防水层,采用有胎体涂膜一层。
2. 檐沟端头溢水口100m×200mm,布置及构造详见单项工程设计。

| 图集名 | 正置式屋面带斜板的檐沟和天沟 | 图集号 | WM1-3 |

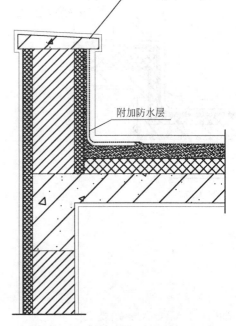

防水层在压顶下收头，建筑密封膏封严。
涂膜用涂料多遍涂刷

卷材—20×2钢压条固定，水泥钉或射钉，
中距500

附加防水层

(a) 正置式屋面低女儿墙泛水(一)

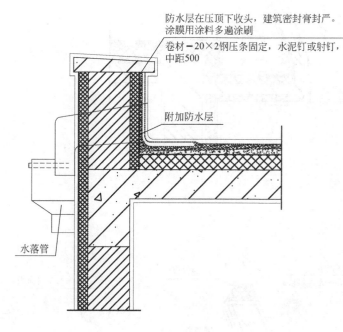

防水层在压顶下收头，建筑密封膏封严。
涂膜用涂料多遍涂刷

卷材—20×2钢压条固定，水泥钉或射钉，
中距500

附加防水层

水落管

(b) 正置式屋面低女儿墙泛水(二)

说明：
1. 女儿墙压顶可采用混凝土或金属制品。压顶向内排水坡度5%，压顶内侧下端做滴水处理。
2. 女儿墙泛水处附加防水层在平面和立面的宽度均不应小于250mm。
3. 低女儿墙泛水处的防水层可直接铺贴或涂刷至压顶下。
4. 女儿墙泛水处的防水层表面宜采用涂刷浅色涂料或浇筑细石混凝土保护。

图集名	正置式屋面低女儿墙泛水	图集号	WM1-4

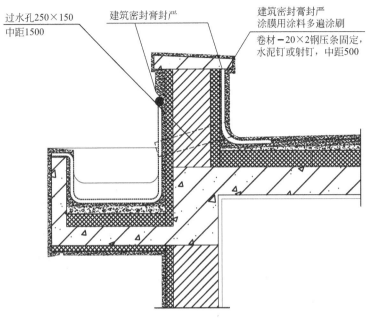

过水孔250×150
中距1500

建筑密封膏封严

建筑密封膏封严
涂膜用涂料多遍涂刷

卷材-20×2钢压条固定,
水泥钉或射钉,中距500

(a) 正置式屋面高女儿墙天沟(一)

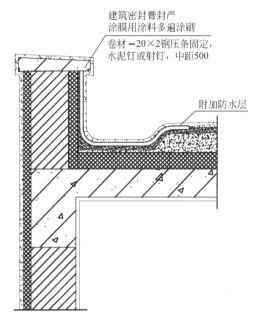

建筑密封膏封严
涂膜用涂料多遍涂刷

卷材-20×2钢压条固定,
水泥钉或射钉,中距500

附加防水层

(b) 正置式屋面高女儿墙天沟(二)

说明:
1. 屋面如不设保温层则屋面与檐沟天沟的附加层在转角处应空铺,空铺宽度应大于等于200mm。
2. 涂膜附加层应夹铺胎体增强材料。
3. 内天沟端部宜设溢水口。

| 图集名 | 正置式屋面高女儿墙天沟 | 图集号 | WM1-5 |

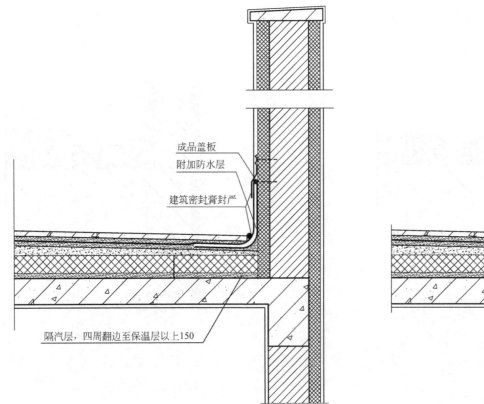

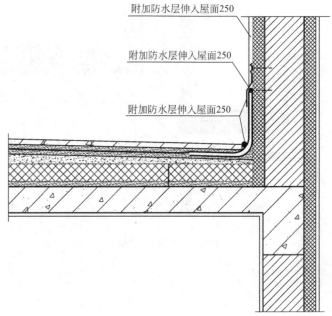

成品盖板
附加防水层
建筑密封膏封严

附加防水层伸入屋面250
附加防水层伸入屋面250
附加防水层伸入屋面250

隔汽层，四周翻边至保温层以上150

(a) 正置式屋面女儿墙泛水、隔汽层(一)

(b) 正置式屋面女儿墙泛水、隔汽层(二)

说明：
1. 女儿墙压顶可采用混凝土或金属制品。压顶向内排水坡度5%，压顶内侧下端做滴水处理。
2. 女儿墙泛水处附加防水层在平面和立面的宽度均不应小于250mm。
3. 高女儿墙泛水处的防水层泛水高度不应小于250mm，泛水上部的墙体应做防水处理。
4. 女儿墙泛水处的防水层表面宜采用涂刷浅色涂料或浇筑细石混凝土保护。

图集名	正置式屋面女儿墙泛水、隔汽层	图集号	WM1-6

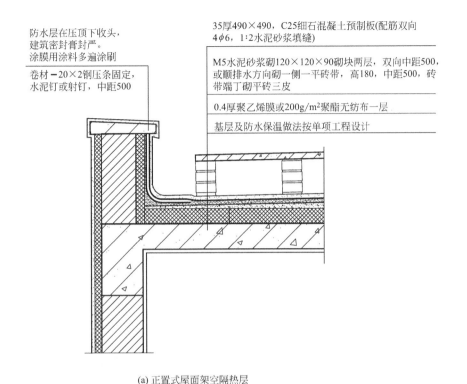

防水层在压顶下收头，
建筑密封膏封严。
涂膜用涂料多遍涂刷

卷材-20×2钢压条固定，
水泥钉或射钉，中距500

35厚490×490，C25细石混凝土预制板(配筋双向
4φ6，1:2水泥砂浆填缝)

M5水泥砂浆砌120×120×90砌块两层，双向中距500，
或顺排水方向砌一侧一平砖带，高180，中距500，砖
带端丁砌平砖三皮

0.4厚聚乙烯膜或200g/m²聚酯无纺布一层

基层及防水保温做法按单项工程设计

(a) 正置式屋面架空隔热层

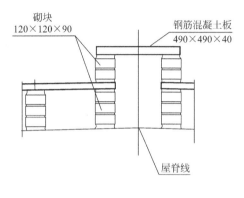

砌块
120×120×90

钢筋混凝土板
490×490×40

屋脊线

(b) 架空层通风屋脊

说明：
1. 架空隔热层宜在通风良好的屋顶上使用，不宜在寒冷地区使用。
2. 当采用混凝土板架空隔热时，屋面坡度不宜大于5%。
3. 架空隔热层的高度为180～300mm，架空板与女儿墙的距离不应小于250mm。
4. 当屋面宽度大于10m时，中部应设置通风屋脊。

图集名	正置式屋面架空隔热层	图集号	WM1-7

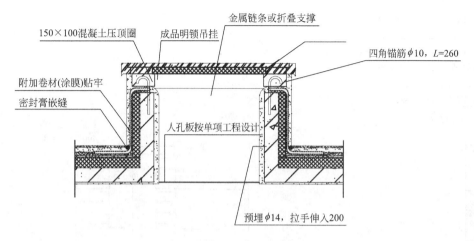

附加卷材(涂膜)贴牢

密封膏嵌缝

150×100混凝土压顶圈

成品明锁吊挂

金属链条或折叠支撑

四角锚筋φ10，L=260

人孔板按单项工程设计

预埋φ14，拉手伸入200

(a) 正置式屋面检修孔

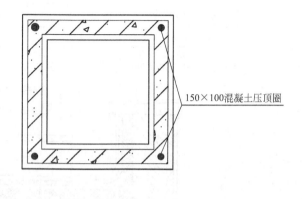

150×100混凝土压顶圈

(b) 150×100混凝土压顶圈

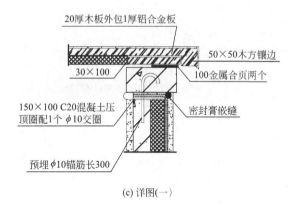

20厚木板外包1厚铝合金板

50×50木方镶边

30×100

100金属合页两个

150×100 C20混凝土压
顶圈配1个φ10交圈

密封膏嵌缝

预埋φ10锚筋长300

(c) 详图(一)

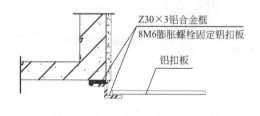

Z30×3铝合金框

8M6膨胀螺栓固定铝扣板

铝扣板

(d) 详图(二)

说明：
附加涂膜层有胎体增强材料。

图集名	正置式屋面检修孔	图集号	WM1-8

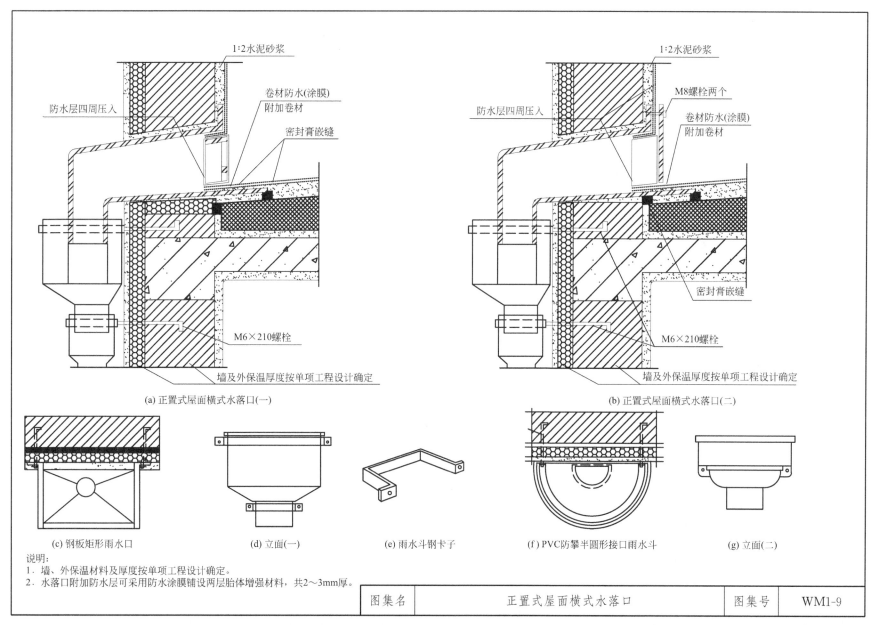

1:2水泥砂浆

防水层四周压入

卷材防水(涂膜)
附加卷材

密封膏嵌缝

M6×210螺栓

墙及外保温厚度按单项工程设计确定

(a) 正置式屋面横式水落口(一)

1:2水泥砂浆

防水层四周压入

M8螺栓两个

卷材防水(涂膜)
附加卷材

密封膏嵌缝

M6×210螺栓

墙及外保温厚度按单项工程设计确定

(b) 正置式屋面横式水落口(二)

(c) 钢板矩形雨水口

(d) 立面(一)

(e) 雨水斗钢卡子

(f) PVC防攀半圆形接口雨水斗

(g) 立面(二)

说明:
1. 墙、外保温材料及厚度按单项工程设计确定。
2. 水落口附加防水层可采用防水涂膜铺设两层胎体增强材料,共2～3mm厚。

图集名	正置式屋面横式水落口	图集号	WM1-9

13

密封膏垫底及封边
卷材(涂膜)防水
附加防水层
找平层
保温层厚30，范围500
找平层
屋面(天沟)板

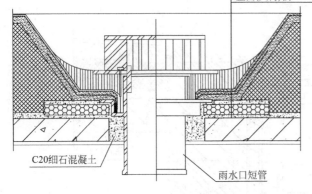

C20细石混凝土
雨水口短管

(a) 正置式屋面87型铸铁雨水口

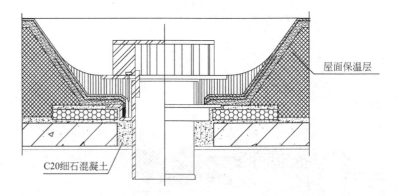

屋面保温层

C20细石混凝土

(b) 正置式屋面87型钢制雨水口

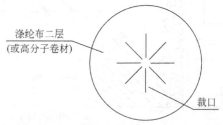

涤纶布二层
(或高分子卷材)

裁口

(d) 附加防水层裁口

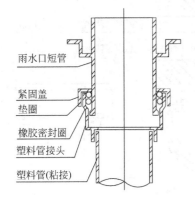

雨水口短管
紧固盖
垫圈
橡胶密封圈
塑料管接头
塑料管(粘接)

(c) 雨水口与塑料管连接

说明：
1．图中为常用尺寸，有特殊要求时可按单项工程设计确定。
2．雨水口安装时，将附加防水层、防水卷材弯入短管承口，填满防水密封膏后，将压板盖上，并插入螺栓使压板固定。压板底面应与短管顶面压平、密合。
3．附加防水层，用涤纶布两层或高分子卷材一层，应按本图裁剪。
4．雨水口周围 d=500mm范围内，应低于屋面60～100mm。

图集名	正置式屋面 87 型雨水口安装图	图集号	WM1-10

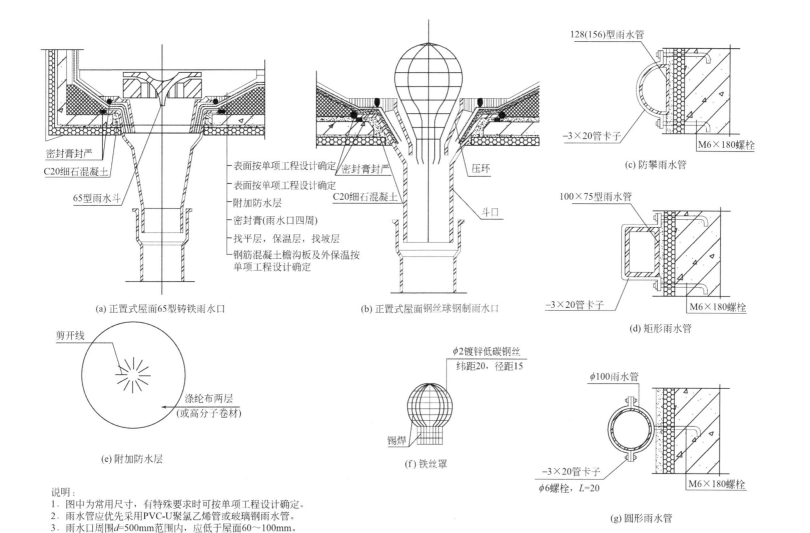

密封膏封严

C20细石混凝土

65型雨水斗

(a) 正置式屋面65型铸铁雨水口

表面按单项工程设计确定

表面按单项工程设计确定

附加防水层

密封膏(雨水口四周)

找平层，保温层，找坡层

钢筋混凝土檐沟板及外保温按
单项工程设计确定

密封膏封严

C20细石混凝土

压环

斗口

(b) 正置式屋面钢丝球钢制雨水口

剪开线

涤纶布两层
(或高分子卷材)

(e) 附加防水层

128(156)型雨水管

−3×20管卡子

M6×180螺栓

(c) 防攀雨水管

100×75型雨水管

−3×20管卡子

M6×180螺栓

(d) 矩形雨水管

φ2镀锌低碳钢丝
纬距20，径距15

锡焊

(f) 铁丝罩

φ100雨水管

−3×20管卡子

φ6螺栓，L=20

M6×180螺栓

(g) 圆形雨水管

说明：
1. 图中为常用尺寸，有特殊要求时可按单项工程设计确定。
2. 雨水管应优先采用PVC-U聚氯乙烯管或玻璃钢雨水管。
3. 雨水口周围d=500mm范围内，应低于屋面60～100mm。

图集名	正置式屋面65型雨水口安装图	图集号	WM1-11

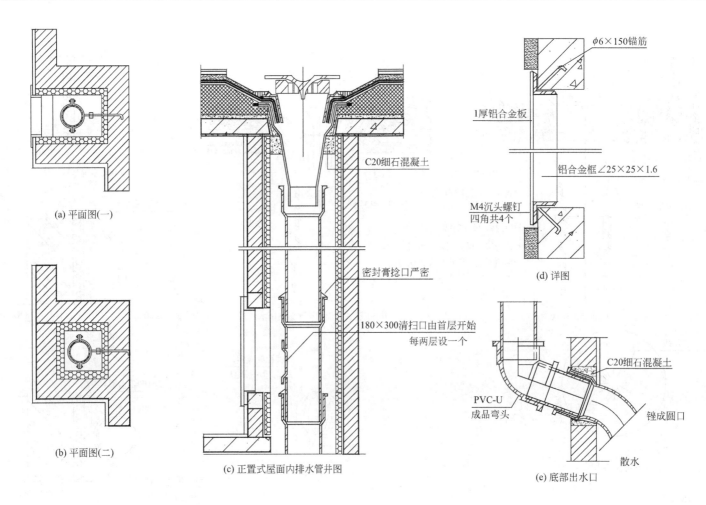

(a) 平面图(一)

(b) 平面图(二)

(c) 正置式屋面内排水管井图

C20细石混凝土

密封膏捻口严密

180×300清扫口由首层开始
每两层设一个

φ6×150锚筋

1厚铝合金板

铝合金框∠25×25×1.6

M4沉头螺钉
四角共4个

(d) 详图

C20细石混凝土

PVC-U
成品弯头

锉成圆口

散水

(e) 底部出水口

说明:
墙和井道内保温材料及厚度，按单项工程设计确定。

| 图集名 | 正置式屋面内排水管井图 | 图集号 | WM1-12 |

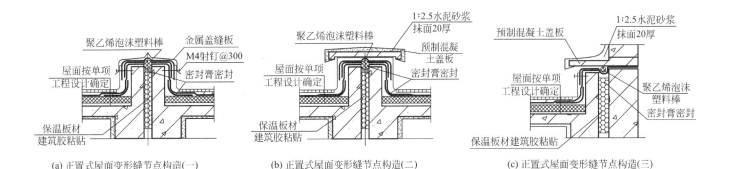

(a) 正置式屋面变形缝节点构造(一)　　　(b) 正置式屋面变形缝节点构造(二)　　　(c) 正置式屋面变形缝节点构造(三)

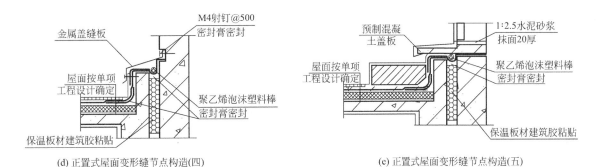

(d) 正置式屋面变形缝节点构造(四)　　　　　　(e) 正置式屋面变形缝节点构造(五)

说明:
1.屋面及面层做法按单项工程设计确定。
2.变形缝的泛水宜采用配筋混凝土结构墙,配筋由单项工程结构设计给出。
3.倒置屋面变形缝泛水处理:加铺防水卷材或涂刷涂膜防水层一道,伸入屋面500mm。
4.金属盖缝板由单项工程设计选定,材料有彩色钢板、铝合金板和不锈钢板。

图集名	正置式屋面变形缝节点构造	图集号	WM1-13

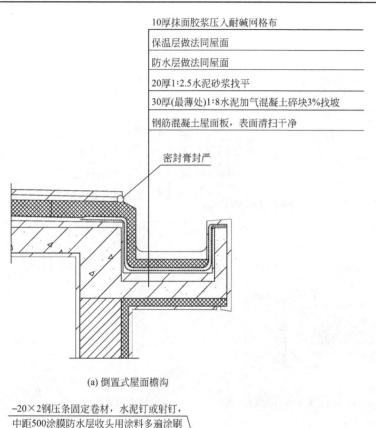

10厚抹面胶浆压入耐碱网格布

保温层做法同屋面

防水层做法同屋面

20厚1:2.5水泥砂浆找平

30厚(最薄处)1:8水泥加气混凝土碎块3%找坡

钢筋混凝土屋面板，表面清扫干净

密封膏封严

(a) 倒置式屋面檐沟

说明：

檐沟、天沟的防水保温构造应符合下列规定：

1.檐沟、天沟及其与屋面板交接处应增设附加防水层；附加防水层应满足最小厚度要求。涂膜附加层应夹铺胎体增强材料。

2.防水层应由沟底翻上至沟外侧顶部。卷材收头应用金属压条钉压，并应用密封材料封严；涂膜收头应用防水涂料涂刷2～3遍或用密封材料封严。

3.保温层在天沟、檐沟的上下两面应满铺，保温层、保护层用水泥砂浆，其下端应做成鹰嘴或滴水槽。

4.当屋面和外墙均采用B1、B2级保温材料时，檐口宽度不小于500mm范围内选用A级保温材料设置防水隔离带。

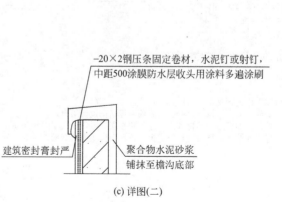

−20×2钢压条固定卷材，水泥钉或射钉，中距500涂膜防水层收头用涂料多遍涂刷

建筑密封膏封严

聚合物水泥砂浆铺抹至檐沟底部

(b) 详图(一)

−20×2钢压条固定卷材，水泥钉或射钉，中距500涂膜防水层收头用涂料多遍涂刷

建筑密封膏封严

聚合物水泥砂浆铺抹至檐沟底部

(c) 详图(二)

图集名	倒置式屋面檐沟	图集号	WM1-14

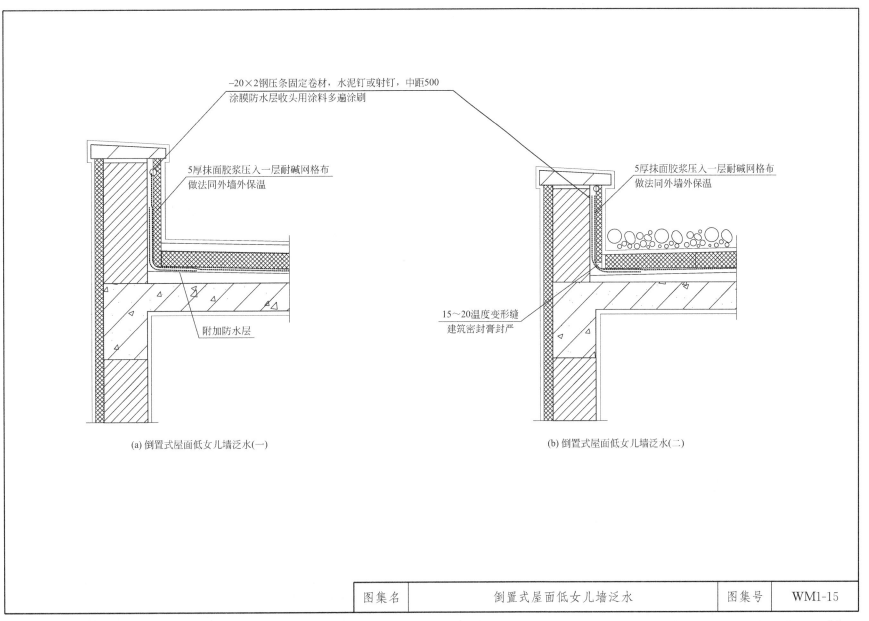

−20×2钢压条固定卷材，水泥钉或射钉，中距500
涂膜防水层收头用涂料多遍涂刷

5厚抹面胶浆压入一层耐碱网格布
做法同外墙外保温

5厚抹面胶浆压入一层耐碱网格布
做法同外墙外保温

附加防水层

15～20温度变形缝
建筑密封膏封严

(a) 倒置式屋面低女儿墙泛水(一)

(b) 倒置式屋面低女儿墙泛水(二)

图集名	倒置式屋面低女儿墙泛水	图集号	WM1-15

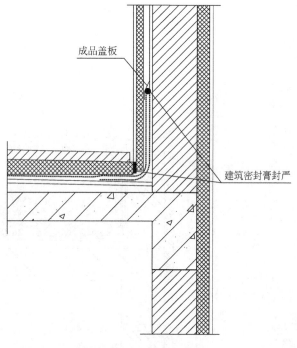

成品盖板

建筑密封膏封严

(a) 倒置式屋面高、低女儿墙泛水(一)

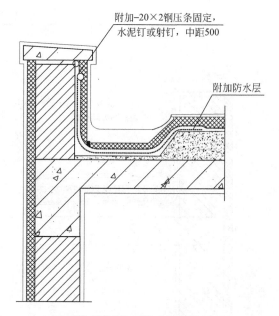

附加-20×2钢压条固定，
水泥钉或射钉，中距500

附加防水层

(b) 倒置式屋面高、低女儿墙泛水(二)

说明：
女儿墙和山墙防水保温构造应符合下列规定：
1.女儿墙和山墙泛水处的防水卷材应满粘。
2.低女儿墙和山墙，防水材料可直接铺至压顶下，泛水收头应采用水泥钉配垫片钉压固定，然后采用密封膏封严；涂膜应直接涂刷至压顶下，泛水收头应用防水涂料多遍涂刷，压顶应做防水处理。
3.高女儿墙和山墙，防水材料应连续铺至泛水高度，泛水收头应采用水泥钉配垫片钉压固定，然后采用密封膏封严，墙体顶部应做防水处理。
4.低女儿墙和山墙的保温层应铺至压顶下，高女儿墙和山墙内侧的保温层应铺至女儿墙和山墙的顶部。
5.墙体根部与保温层间应设置温度缝，温度缝宽度为15～20mm，并用密封材料封严。

| 图集名 | 倒置式屋面高、低女儿墙泛水 | 图集号 | WM1-16 |

26

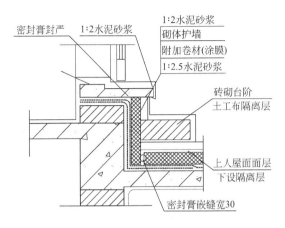

密封膏封严　1:2水泥砂浆　1:2水泥砂浆
砌体护墙
附加卷材(涂膜)
1:2.5水泥砂浆

砖砌台阶
土工布隔离层

上人屋面面层
下设隔离层

密封膏嵌缝宽30

(a) 水平出入口(一)

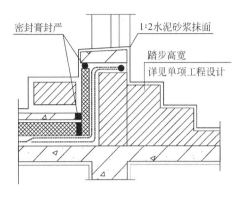

密封膏封严　1:2水泥砂浆抹面

踏步高宽
详见单项工程设计

(b) 水平出入口(二)

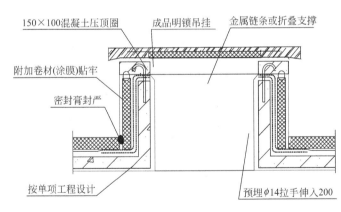

150×100混凝土压顶圈　成品明锁吊挂　金属链条或折叠支撑

附加卷材(涂膜)贴牢

密封膏封严

按单项工程设计　　预埋φ14拉手伸入200

(c) 屋面检修孔

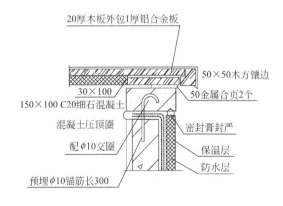

20厚木板外包1厚铝合金板

50×50木方镶边

30×100
150×100 C20细石混凝土　50金属合页2个
混凝土压顶圈　密封膏封严

配φ10交圈　保温层

预埋φ10锚筋长300　防水层

(d) 详图

| 图集名 | 倒置式屋面出入口、检修孔 | 图集号 | WM1-17 |

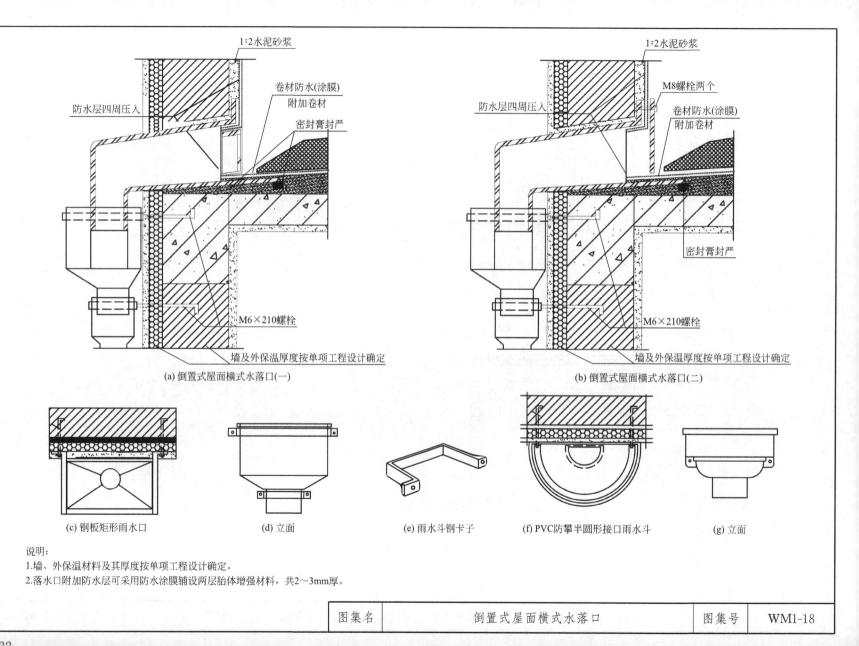

1:2水泥砂浆

防水层四周压入

卷材防水(涂膜)
附加卷材

密封膏封严

M6×210螺栓

墙及外保温厚度按单项工程设计确定

(a) 倒置式屋面横式水落口(一)

1:2水泥砂浆

防水层四周压入

M8螺栓两个

卷材防水(涂膜)
附加卷材

密封膏封严

M6×210螺栓

墙及外保温厚度按单项工程设计确定

(b) 倒置式屋面横式水落口(二)

(c) 钢板矩形雨水口

(d) 立面

(e) 雨水斗钢卡子

(f) PVC防攀半圆形接口雨水斗

(g) 立面

说明:
1.墙、外保温材料及其厚度按单项工程设计确定。
2.落水口附加防水层可采用防水涂膜铺设两层胎体增强材料,共2~3mm厚。

| 图集名 | 倒置式屋面横式水落口 | 图集号 | WM1-18 |

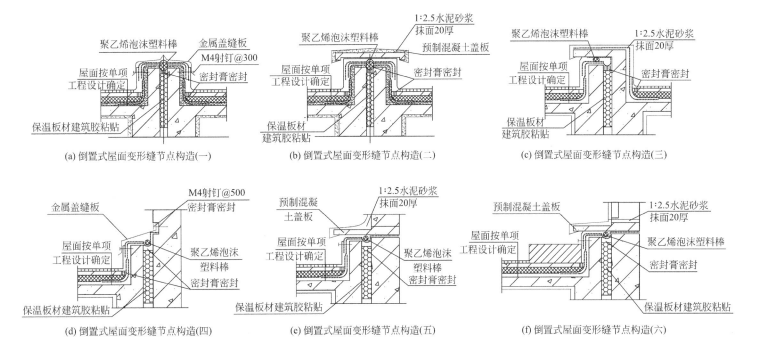

(a) 倒置式屋面变形缝节点构造(一)

(b) 倒置式屋面变形缝节点构造(二)

(c) 倒置式屋面变形缝节点构造(三)

(d) 倒置式屋面变形缝节点构造(四)

(e) 倒置式屋面变形缝节点构造(五)

(f) 倒置式屋面变形缝节点构造(六)

说明：
1.屋面及面层做法按单项工程设计确定。
2.变形缝的泛水宜采用配筋混凝土结构墙，配筋由单项工程结构
设计给出。
3.倒置屋面变形泛水处理：加铺防水卷材或涂刷涂膜防水层一
道，伸入屋面500mm。
4.金属盖缝板由单项工程设计选定，材料有彩色钢板、铝合金板
和不锈钢板。

图集名	倒置式屋面变形缝节点构造	图集号	WM1-19

1. 适用范围

1.1 本图集适用于块瓦建筑，瓦屋面的类型和适用坡度见表 1.1。

瓦屋面的类型和适用坡度　　　表 1.1

屋面瓦		适用坡度
块瓦	筒板瓦	≥30%
	平瓦、水泥彩瓦、西式陶瓦	≥30%
	块瓦形钢板彩瓦	≥30%
沥青瓦		≥20%

1.2 极端热湿气候区的防水等级为Ⅰ、Ⅱ级的民用建筑和工业辅助建筑，屋面结构为现浇钢筋混凝土板的坡屋面。

2. 设计内容

2.1 本图集为块瓦，其中包括平瓦、水泥彩瓦（波形瓦、平板瓦）及西式陶（S 瓦、J 瓦）屋面。

2.2 瓦屋面防水等级和防水做法应符合表 2.2 的规定。

瓦屋面防水等级和防水做法　　　表 2.2

防水等级	防水做法
Ⅰ级	瓦＋防水层
Ⅱ级	瓦＋防水垫层

注：防水层的厚度应符合《屋面工程技术规范》GB 50345-2012 的规定。

2.3 有保温隔热层和无保温隔热层的屋面做法。

2.4 各种瓦面的屋脊除采用配套瓦外，本图集还提供混凝土屋脊的做法。

2.5 编制依据

《屋面工程技术规范》GB 50345-2012
《屋面工程质量验收规范》GB 50207-2012
《坡屋面工程技术规范》GB 50693-2011
《民用建筑热工设计规范》GB 50176-2016
《公共建筑节能设计标准》GB 50189-2015
《民用建筑设计统一标准》GB 50352-2019
《建筑节能工程施工质量验收标准》GB 50411-2019
《建筑设计防火规范（2018 年版）》GB 50016-2014
《严寒和寒冷地区居住建筑节能设计标准》JGJ 26-2018
《夏热冬冷地区居住建筑节能设计标准》JGJ 134-2010

图集名	坡屋面说明（一）	图集号	WM2-1（一）

《夏热冬暖地区居住建筑节能设计标准》JGJ 75-2012

《倒置式屋面工程技术规程》JGJ 230-2010

3. 屋面构造组成及采用材料

3.1 结构层

采用现浇钢筋混凝土板基层，由单项工程设计确定，并应注意现浇屋面温度应力对下部结构的影响，特别是对砖混结构的影响，应采用相应的措施，防止结构层产生裂缝。

3.2 找平层、持钉层

3.2.1 采用 1∶2.5 水泥砂浆或掺聚合物的水泥砂浆，其厚度在现浇面板为 20mm 厚，在整体或板状材料保温层上为 25mm 厚。

3.2.2 保温层上的找平层应设分格缝，分格缝宽为 20mm，纵横向间距为 6m，在与屋面凸出物连接处应留 30mm 宽缝隙，缝隙内填密封膏封严，找平层应充分养护。

3.2.3 细石混凝土持钉层，混凝土强度等级不低于 C20，厚度不小于 35mm。

3.3 隔汽层

当寒冷地区屋面结构冷凝界面内侧实际具有的蒸汽渗透阻力小于所需值，或其他地区室内湿汽有可能透过屋面结构层进入保温层时，应设置隔汽层。隔汽层的设计应符合下列规定：

（1）隔汽层应设置在结构层上、保温层下；

（2）隔汽层应选用气密性、水密性好的材料；

（3）隔汽层应沿周边墙面向上连续铺设，高出保温层上表面不得小于 150mm。

3.4 保温隔热层

3.4.1 保温隔热层的材料和厚度由单项工程设计经计算后自行选定，应采用高效轻质的保温材料，不宜采用保温隔热材料。

3.4.2 屋面保温材料燃烧性能等级应达到相关规范、规定的要求。

3.4.3 保温隔热层的选择应满足建筑气候分区中建筑物类及有关规范的规定。

3.4.4 保温隔热层宜选用导热系数和干密度小、蓄热系数大的保温隔热材料，以减轻屋面的自重。推荐选用的保温隔热材料性能指标见表 3.4.4。对保温材料燃烧性能等级的选择由单项工程设计根据现行有关标准确定。

3.4.5 建筑的屋面外保温系统，当屋面板的耐火极限不低于1.00h 时，保温材料的燃烧性能不应低于 B2 级；当屋面板的耐火极限低于 1.00h 时，不应低于 B1 级。采用 B1、B2 级保温材料的外保温系统应采用不燃烧材料做防护层，防护层的厚度不应小于 10mm。当建筑的屋面和外墙外保温系统均采用 B1、B2 级保温材料时，屋面与外墙之间应采用宽度不小于 500mm 的不燃烧材料设置防火隔离带进行分割。

3.4.6 铝箔复合隔热防水垫层是由高分子材料和金属层叠加复合加工而成的产品，它具有高反射率、高强度阻燃等特点，主要用于木挂瓦条钉挂型坡屋面，适用于夏热冬暖地区和夏热冬冷地区，夏热冬暖地区可单独使用，夏热冬冷地区使用时，需与其他保温材料组合使用，组合使用时，可减小保温材料层的厚度。

3.4.7 板状保温隔热材料铺设应紧贴基层，铺平垫稳，拼缝严密，采用新贴或销栓固定牢固。

保温隔热材料性能指标　　　　　　表 3.4.4

材料名称		干密度（kg/m³）	导热系数［W/(m·K)］	蓄热系数	燃烧性能等级	修正系数
挤塑聚苯乙烯泡沫塑料(XPS)板		30	0.030	0.32	不低于B2	1.2
模塑聚苯乙烯泡沫塑料(EPS)板		20	0.041	0.36	不低于B2	1.2
硬质聚氨酯泡沫(PU)板	Ⅰ类	25	0.024	0.30	不低于B2	1.2
	Ⅱ类	30				1.2
	Ⅲ类	35		0.32		1.2
建筑用岩棉板(硬板)		140～200	0.040	0.75	A	1.2
建筑用岩棉板(中硬板)		81～120	0.038	0.58	A	1.2
泡沫玻璃板	140 号	≤140	0.050	0.65	A	1.2
	160 号	≤160	0.062	0.78	A	1.2
	180 号	≤180	0.064	0.84	A	1.2

注：岩棉板只做块瓦形钢板彩瓦的保温隔热材料。

3.5 防水层

3.5.1 卷材防水层

每道卷材防水层最小厚度应符合表 3.5.1 的规定。

每道卷材防水层最小厚度（mm）　　表 3.5.1

防水等级	合成高分子防水卷材	聚合物改性沥青防水卷材		
		聚酯胎	自粘聚酯胎	自粘无胎
Ⅰ级	1.5	4.0	3.0	2.0

3.5.2 涂膜防水层

每道涂膜防水层最小厚度应符合表 3.5.2 的规定，用作涂膜防水层附加层的胎体增强材料，采用无纺聚酯纤维布。

每道涂膜防水层最小厚度（mm）　　表 3.5.2

防水等级	合成高分子防水涂层	聚合物水泥防水涂膜	高聚物改性沥青防水涂膜
Ⅰ级	2.0	2.0	3.0

3.5.3 每道复合防水层最小厚度应符合表 3.5.3 的规定。

3.5.4 密封膏可选用聚氨酯建筑密封膏、丙烯酸酯建筑密封膏、硅酮建筑密封膏等。

3.5.5 波形沥青防水板通风防水垫层。

(1) 由植物纤维制成波形板作为胎体，在高温、高压下浸渍沥青而成。

每道复合防水层最小厚度（mm） 表3.5.3

防水等级	合成高分子防水卷材+合成高分子防水卷材	自粘聚合物改性沥青防水卷材（无胎）+合成高分子防水卷材	高聚物改性沥青防水卷材+高聚物改性沥青防水涂膜	聚乙烯丙纶卷材+聚合物水泥防水胶结材料
Ⅰ级	1.0+1.0	1.2+1.0	3.0+1.2	0.7+1.3

注：防水层的厚度应符合《屋面工程技术规范》GB 50345-2012 Ⅱ级防水的规定。

（2）材料厚度不小于26mm，宽度方向每延米波数不小于20个，波高24mm。

3.5.6 防水垫层宜采用自粘聚合物沥青防水垫层、聚合物改性沥青防水垫层，其最小厚度和搭接宽度应符合表3.5.6的规定。

防水垫层的最小厚度和搭接宽度（mm） 表3.5.6

防水垫层品种	最小厚度	搭接宽度
自粘聚合物沥青防水垫层	1.0	80
聚合物改性沥青防水垫层	2.0	100

注：大风区域檐口部位应采用自粘聚合物沥青防水垫层加强，下翻宽度不应小于100mm，屋面铺设宽度不应小于900mm。

3.6 持钉层

3.6.1 钉铺块瓦挂瓦条或钉沥青瓦的细石混凝土构造层。

（1）持钉层内设的$\phi 6$钢筋网应骑跨屋脊和檐口（沟）部位预埋的$\phi 10$锚筋连接牢固。

（2）水泥砂浆持钉层或细石混凝土持钉层可不设分格缝，持钉层与凸出屋面结构的交接处应预留30mm宽的缝。

（3）沥青瓦固定穿入细石混凝土持钉层的深度不应小于20mm。

3.6.2 在满足屋面荷载的前提下，瓦屋面持钉层的厚度应符合表3.6.2的规定。

持钉层的种类和最小厚度（mm） 表3.6.2

持钉层种类	木板	人造板	细石混凝土
最小厚度	20	16	35

3.7 瓦材和铺设

3.7.1 块瓦

（1）块瓦包括筒板瓦（琉璃瓦、青瓦）、平瓦、水泥彩瓦以及西式陶瓦（S瓦、J瓦）等。

（2）块瓦铺设方式除筒板瓦（琉璃瓦、青瓦）采用砂浆卧瓦外，其他块瓦采用干挂法挂瓦，干挂瓦法有木挂瓦条和钢挂瓦条，钢、木挂瓦条有两种固定方式供施工选用：

1）挂瓦条固定在顺水条上，顺水条钉在细石混凝土找平层上。

2）不设顺水条，将挂瓦条和支撑块直接钉在细石混凝土找平层上。

图集名	坡屋面说明（四）	图集号	WM2-1（四）

（3）瓦的搭接长度，必须满足所采用瓦材的要求，由此确定挂瓦条或瓦钢的间距。

（4）块瓦与屋面基层加强固定的要求和措施

1）地震设防地区、大风地区（包地势高、周围无遮挡或地处风口上，或高层建筑等）或屋面坡度大于100%（1：1）时，全部瓦均采取固定加强措施；

2）非地震设防地区、非大风地区，屋面坡度大于30%（1：3.3）小于100%（1：1）时，檐口（沟）处的两排瓦和屋脊两侧的一排瓦应采取固定措施；

（5）施工单位应根据单项工程设计的实际情况，依照以上要求采取以下加强措施（小青瓦、筒瓦除外）：

1）水泥白灰砂浆卧瓦，用双股18号镀锌低碳钢丝将瓦与$\phi6$钢筋绑牢；

2）钢挂瓦条挂瓦，用双股18号镀锌低碳钢丝将瓦与钢挂瓦条绑牢；

3）木挂瓦条挂瓦，用螺钉固定在挂瓦条上，瓦片下部应使用不锈钢扣件固定在挂瓦条上或双股18号镀锌低碳钢丝将瓦与木挂瓦条绑牢，需要钉、绑固定的瓦材，应向供货方提出瓦端留洞的要求。

（6）小青瓦筒瓦用砂浆卧瓦，适用于坡度为40%～60%的情况，最大适用坡度为70%，适用于低层建筑。

3.7.2　块瓦形钢板彩瓦

块瓦形钢板彩瓦是用彩色薄钢板冷压成型呈连片块瓦形状的屋面防水板材，瓦材厚度应由瓦材生产厂家按挂瓦条的间距和屋面荷载确定，铝合金板不应小于0.9mm，其他金属板不应小于0.6mm。

3.7.3　沥青瓦

（1）沥青瓦是以玻璃纤维为胎基。经渗涂石油沥青后，一面覆盖彩色矿物粒料，另一面用隔离材料制成的柔性瓦状屋面的防水片材。沥青瓦常用规格为1000mm×333mm，厚度不小于2.6mm。

（2）沥青瓦的铺设方式应采用固定钉固定为主，粘结为辅。每张瓦片不得少于6个固定钉，在屋面周边及泛水部位还应采用沥青基胶粘材料粘结外露的固定钉，钉帽应采用沥青基胶粘材料涂盖。

（3）当屋面处于强风区或屋面坡度大于100%（1：1）时，每张瓦片的固定钉应增加不少于2个，上下瓦之间用沥青基胶粘结材料加强。

（4）沥青瓦应自檐口向上铺设，铺设脊瓦时应顺年最大频率风方向搭接，并应保证搭盖住两坡面沥青瓦的宽度不应小于150mm，脊瓦之间的压盖不应小于脊瓦面的1/2，每片脊瓦除满涂沥青冷胶外，还应用固定钉固定。

3.8　选材要求

3.8.1　所有材料，如各类瓦材及配件、防水卷材或涂料、胎体增强材料、胶粘剂、密封膏、保温隔热材料、木材、金属材料等，均应符合该产品现行的国家标准或行业标准，并满足《屋面工程技术规范》GB 50345-2012、《屋面工程质量验收规范》GB

50207-2012 和《坡屋面工程技术规范》GB 50693-2011 的要求。

3.8.2 订货时、施工前应对下列情况所使用材料的相容性进行确认：卷材、涂料与基层处理剂；卷材、涂料与胶粘剂；卷材、涂料与密封膏；基层处理剂与密封膏；保温层与防水层所使用的材料应相容匹配。

3.8.3 木挂瓦条、顺水条应采用等级为Ⅰ级或Ⅱ级的木材，含水率不应大于 18％，并应做防腐、防蛀处理。

4. 倒置式坡屋面

4.1 倒置式坡屋面将保温层设置在防水层之上。

4.2 倒置式坡屋面工程防水等级应为Ⅰ级。

4.3 倒置式坡屋面保温层的设计厚度应按计算厚度增加 25％ 取值，且最小厚度不得小于 25mm。

5. 其他

5.1 本图集未尽事宜，应按国家和地方有关规范标准和有关技术法规文件严格执行。

5.2 选用本图集时，本图集所依据的标准规范和有关法规可能已有新的版本，此时应按新版本作相应的验算调整。

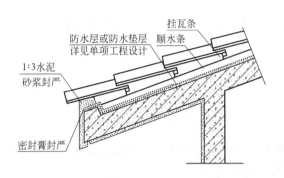

防水层或防水垫层
详见单项工程设计

挂瓦条

顺水条

1:3水泥
砂浆封严

密封膏封严

(a) 平瓦、水泥彩瓦、西式陶瓦　檐口(钢挂瓦条)(一)

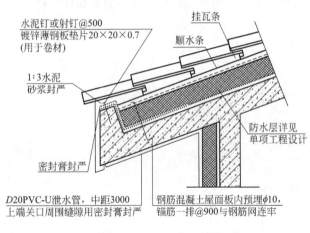

水泥钉或射钉@500
镀锌薄钢板垫片20×20×0.7
(用于卷材)

挂瓦条

顺水条

1:3水泥
砂浆封严

防水层详见
单项工程设计

密封膏封严

D20PVC-U泄水管，中距3000
上端关口周围缝隙用密封膏封严

钢筋混凝土屋面板内预埋φ10，
锚筋一排@900与钢筋网连牢

(c) 平瓦、水泥彩瓦、西式陶瓦　檐口(钢挂瓦条)(三)

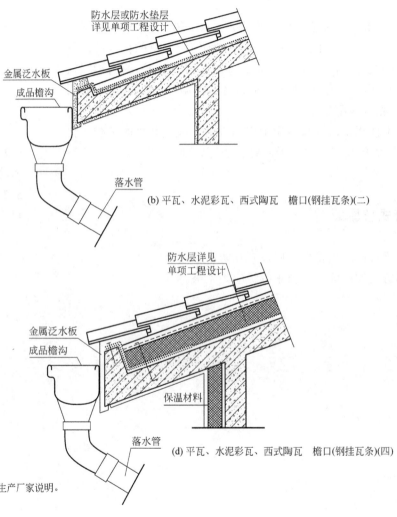

防水层或防水垫层
详见单项工程设计

金属泛水板

成品檐沟

落水管

(b) 平瓦、水泥彩瓦、西式陶瓦　檐口(钢挂瓦条)(二)

防水层详见
单项工程设计

金属泛水板

成品檐沟

保温材料

落水管

(d) 平瓦、水泥彩瓦、西式陶瓦　檐口(钢挂瓦条)(四)

说明:
1. 成品檐沟做法另详见单项工程设计，其成套构配件安装要求按生产厂家说明。
2. 檐口宽度按单项工程设计确定。
3. 檐口有无保温层另详见单项工程设计。

图集名	平瓦、水泥彩瓦、西式陶瓦　檐口（钢挂瓦条）	图集号	WM2-2

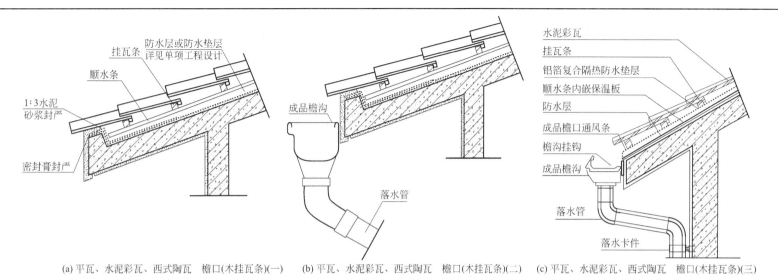

防水层或防水垫层
详见单项工程设计
挂瓦条
顺水条
1:3水泥
砂浆封严
密封膏封严

(a) 平瓦、水泥彩瓦、西式陶瓦 檐口(木挂瓦条)(一)

成品檐沟
落水管

(b) 平瓦、水泥彩瓦、西式陶瓦 檐口(木挂瓦条)(二)

水泥彩瓦
挂瓦条
铝箔复合隔热防水垫层
顺水条内嵌保温板
防水层
成品檐口通风条
檐沟挂钩
成品檐沟
落水管
落水卡件

(c) 平瓦、水泥彩瓦、西式陶瓦 檐口(木挂瓦条)(三)

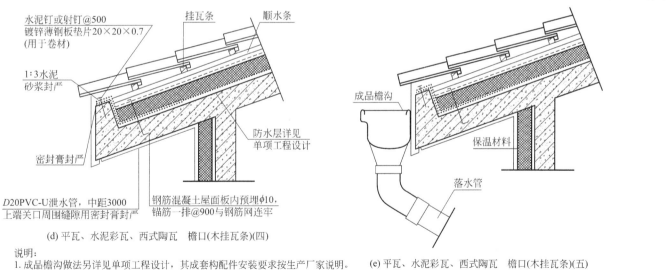

水泥钉或射钉@500
镀锌薄钢板垫片20×20×0.7
(用于卷材)
1:3水泥
砂浆封严
密封膏封严
D20PVC-U泄水管,中距3000
上端关口周围缝隙用密封膏封严
防水层详见
单项工程设计
钢筋混凝土屋面板内预埋ϕ10,
锚筋一排@900与钢筋网连牢

(d) 平瓦、水泥彩瓦、西式陶瓦 檐口(木挂瓦条)(四)

挂瓦条
顺水条
成品檐沟
保温材料
落水管

(e) 平瓦、水泥彩瓦、西式陶瓦 檐口(木挂瓦条)(五)

说明:
1. 成品檐沟做法另详见单项工程设计,其成套构配件安装要求按生产厂家说明。
2. 檐口宽度按单项工程设计确定。
3. 檐口有无保温层另详见单项工程设计。

| 图集名 | 平瓦、水泥彩瓦、西式陶瓦 檐口(木挂瓦条) | 图集号 | WM2-3 |

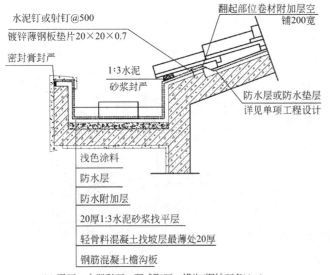

水泥钉或射钉@500
镀锌薄钢板垫片20×20×0.7
密封膏封严
翻起部位卷材附加层空铺200宽
1:3水泥砂浆封严
防水层或防水垫层详见单项工程设计
浅色涂料
防水层
防水附加层
20厚1:3水泥砂浆找平层
轻骨料混凝土找坡层最薄处20厚
钢筋混凝土檐沟板

(a) 平瓦、水泥彩瓦、西式陶瓦　檐沟(钢挂瓦条)(一)

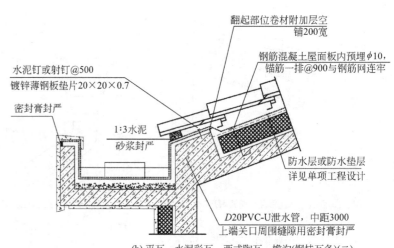

翻起部位卷材附加层空铺200宽
水泥钉或射钉@500
镀锌薄钢板垫片20×20×0.7
密封膏封严
钢筋混凝土屋面板内预埋ϕ10，锚筋一排@900与钢筋网连牢
1:3水泥砂浆封严
防水层或防水垫层详见单项工程设计
D20PVC-U泄水管，中距3000
上端关口周围缝隙用密封膏封严

(b) 平瓦、水泥彩瓦、西式陶瓦　檐沟(钢挂瓦条)(二)

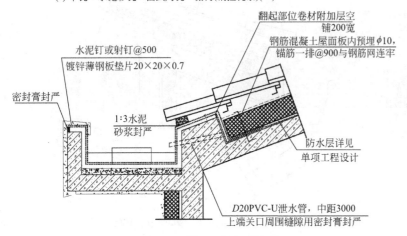

翻起部位卷材附加层空铺200宽
钢筋混凝土屋面板内预埋ϕ10，锚筋一排@900与钢筋网连牢
水泥钉或射钉@500
镀锌薄钢板垫片20×20×0.7
密封膏封严
1:3水泥砂浆封严
防水层详见单项工程设计
D20PVC-U泄水管，中距3000
上端关口周围缝隙用密封膏封严

(c) 平瓦、水泥彩瓦、西式陶瓦　檐沟(钢挂瓦条)(三)

说明：
1. 檐沟纵向坡度不应小于1%，沟底水落差不得超过200mm，分水线最小深度不应小于100mm，檐沟内外沟壁宜取平。
2. 檐沟宽度按单项工程设计确定。
3. 檐口有无保温层另详见单项工程设计。

图集名	平瓦、水泥彩瓦、西式陶瓦　檐沟（钢挂瓦条）	图集号	WM2-4

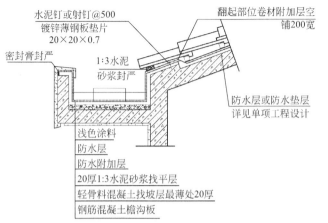

水泥钉或射钉@500
镀锌薄钢板垫片
20×20×0.7

翻起部位卷材附加层空
铺200宽

密封膏封严

1:3水泥
砂浆封严

防水层或防水垫层
详见单项工程设计

浅色涂料
防水层
防水附加层
20厚1:3水泥砂浆找平层
轻骨料混凝土找坡层最薄处20厚
钢筋混凝土檐沟板

(a) 平瓦、水泥彩瓦、西式陶瓦　檐沟(木挂瓦条)(一)

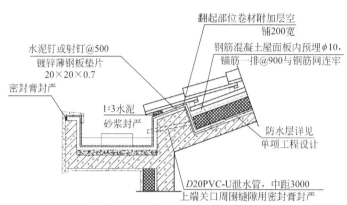

翻起部位卷材附加层空
铺200宽

水泥钉或射钉@500
镀锌薄钢板垫片
20×20×0.7

钢筋混凝土屋面板内预埋φ10,
锚筋一排@900与钢筋网连牢

密封膏封严

1:3水泥
砂浆封严

防水层详见
单项工程设计

D20PVC-U泄水管,中距3000
上端关口周围缝隙用密封膏封严

(b) 平瓦、水泥彩瓦、西式陶瓦　檐沟(木挂瓦条)(二)

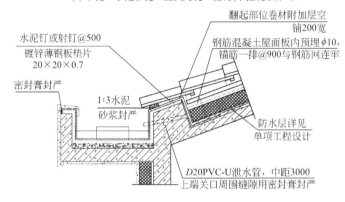

水泥钉或射钉@500
镀锌薄钢板垫片
20×20×0.7

翻起部位卷材附加层空
铺200宽

钢筋混凝土屋面板内预埋φ10,
锚筋一排@900与钢筋网连牢

密封膏封严

1:3水泥
砂浆封严

防水层详见
单项工程设计

D20PVC-U泄水管,中距3000
上端关口周围缝隙用密封膏封严

(c) 平瓦、水泥彩瓦、西式陶瓦　檐沟(木挂瓦条)(三)

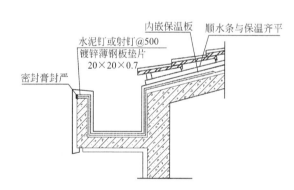

内嵌保温板　顺水条与保温齐平

水泥钉或射钉@500
镀锌薄钢板垫片
20×20×0.7

密封膏封严

(d) 平瓦、水泥彩瓦、西式陶瓦　檐沟(木挂瓦条)(四)

说明:
1. 檐沟纵向坡度不应小于1%,沟底水落差不得超过200mm,分水线最
　小深度不应小于100mm,檐沟内外沟壁宜取平。
2. 檐沟宽度按单项工程设计确定。
3. 檐口有无保温层另详见单项工程设计。

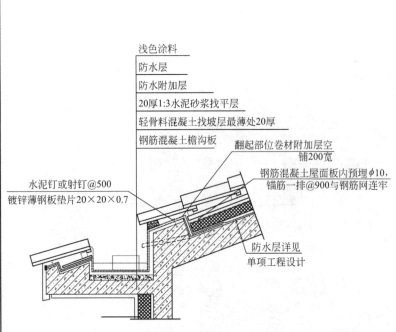

浅色涂料
防水层
防水附加层
20厚1:3水泥砂浆找平层
轻骨料混凝土找坡层最薄处20厚
钢筋混凝土檐沟板
翻起部位卷材附加层空铺200宽
钢筋混凝土屋面板内预埋φ10,锚筋一排@900与钢筋网连牢
水泥钉或射钉@500
镀锌薄钢板垫片20×20×0.7
防水层详见单项工程设计

(a) 平瓦、水泥彩瓦、西式陶瓦　檐沟(木挂瓦条)(一)

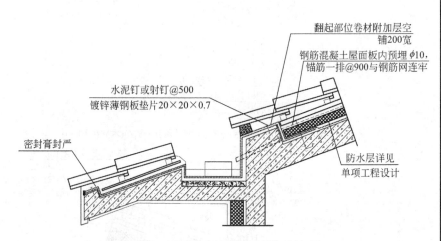

翻起部位卷材附加层空铺200宽
钢筋混凝土屋面板内预埋φ10,锚筋一排@900与钢筋网连牢
水泥钉或射钉@500
镀锌薄钢板垫片20×20×0.7
密封膏封严
防水层详见单项工程设计

(b) 平瓦、水泥彩瓦、西式陶瓦　檐沟(木挂瓦条)(二)

说明:
1. 檐沟纵向坡度不应小于1%，沟底水落差不得超过200mm，分水线最小深度不应小于100mm，檐沟内外沟壁宜取平。
2. 檐沟宽度按单项工程设计确定。
3. 檐口有无保温层另详见单项工程设计。

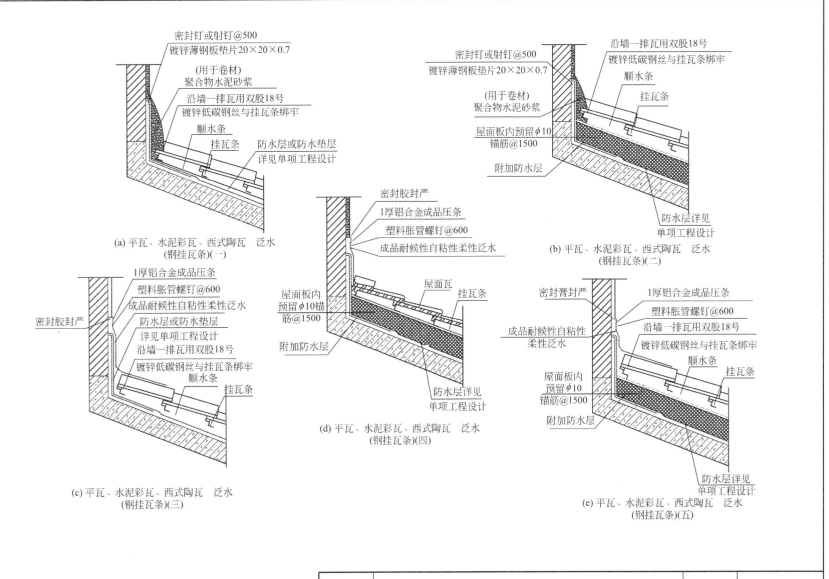

密封钉或射钉@500
镀锌薄钢板垫片20×20×0.7
(用于卷材)
聚合物水泥砂浆
沿墙一排瓦用双股18号
镀锌低碳钢丝与挂瓦条绑牢
顺水条
挂瓦条
防水层或防水垫层
详见单项工程设计

(a) 平瓦、水泥彩瓦、西式陶瓦　泛水
(钢挂瓦条)(一)

密封钉或射钉@500
镀锌薄钢板垫片20×20×0.7
(用于卷材)
聚合物水泥砂浆
屋面板内预留φ10
锚筋@1500
附加防水层
沿墙一排瓦用双股18号
镀锌低碳钢丝与挂瓦条绑牢
顺水条
挂瓦条
防水层详见
单项工程设计

(b) 平瓦、水泥彩瓦、西式陶瓦　泛水
(钢挂瓦条)(二)

密封胶封严
1厚铝合金成品压条
塑料胀管螺钉@600
成品耐候性自粘性柔性泛水
防水层或防水垫层
详见单项工程设计
沿墙一排瓦用双股18号
镀锌低碳钢丝与挂瓦条绑牢
顺水条
挂瓦条

(c) 平瓦、水泥彩瓦、西式陶瓦　泛水
(钢挂瓦条)(三)

密封胶封严
1厚铝合金成品压条
塑料胀管螺钉@600
成品耐候性自粘性柔性泛水
屋面板内
预留φ10锚
筋@1500
附加防水层
屋面瓦
挂瓦条
防水层详见
单项工程设计

(d) 平瓦、水泥彩瓦、西式陶瓦　泛水
(钢挂瓦条)(四)

密封膏封严
1厚铝合金成品压条
塑料胀管螺钉@600
成品耐候性自粘性
柔性泛水
沿墙一排瓦用双股18号
镀锌低碳钢丝与挂瓦条绑牢
顺水条
挂瓦条
屋面板内
预留φ10
锚筋@1500
附加防水层
防水层详见
单项工程设计

(e) 平瓦、水泥彩瓦、西式陶瓦　泛水
(钢挂瓦条)(五)

图集名	平瓦、水泥彩瓦、西式陶瓦　泛水（钢挂瓦条）	图集号	WM2-6

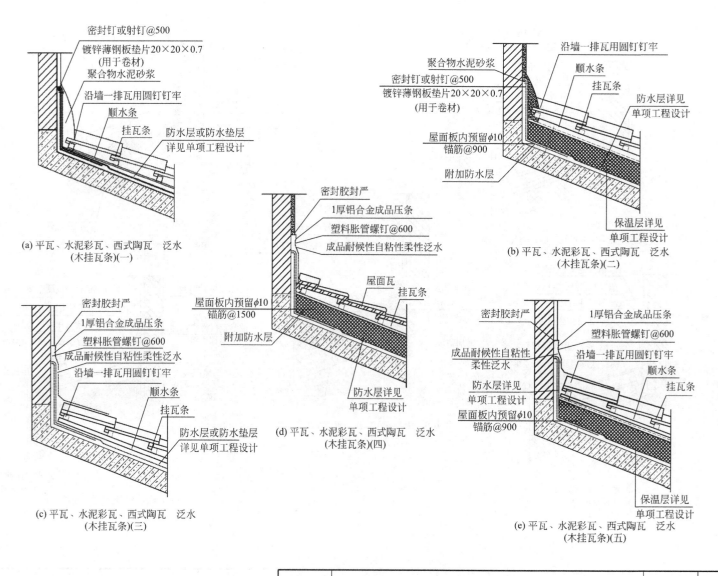

密封钉或射钉@500
镀锌薄钢板垫片20×20×0.7（用于卷材）
聚合物水泥砂浆
沿墙一排瓦用圆钉钉牢
顺水条
挂瓦条
防水层或防水垫层详见单项工程设计

(a) 平瓦、水泥彩瓦、西式陶瓦　泛水
（木挂瓦条）(一)

沿墙一排瓦用圆钉钉牢
顺水条
挂瓦条
防水层详见单项工程设计
聚合物水泥砂浆
密封钉或射钉@500
镀锌薄钢板垫片20×20×0.7（用于卷材）
屋面板内预留φ10锚筋@900
附加防水层
保温层详见单项工程设计

(b) 平瓦、水泥彩瓦、西式陶瓦　泛水
（木挂瓦条）(二)

密封胶封严
1厚铝合金成品压条
塑料胀管螺钉@600
成品耐候性自粘性柔性泛水
沿墙一排瓦用圆钉钉牢
顺水条
挂瓦条
防水层或防水垫层详见单项工程设计

(c) 平瓦、水泥彩瓦、西式陶瓦　泛水
（木挂瓦条）(三)

密封胶封严
1厚铝合金成品压条
塑料胀管螺钉@600
成品耐候性自粘性柔性泛水
屋面板内预留φ10锚筋@1500
附加防水层
屋面瓦
挂瓦条
防水层详见单项工程设计

(d) 平瓦、水泥彩瓦、西式陶瓦　泛水
（木挂瓦条）(四)

密封胶封严
1厚铝合金成品压条
塑料胀管螺钉@600
成品耐候性自粘性柔性泛水
沿墙一排瓦用圆钉钉牢
顺水条
挂瓦条
防水层详见单项工程设计
屋面板内预留φ10锚筋@900
保温层详见单项工程设计

(e) 平瓦、水泥彩瓦、西式陶瓦　泛水
（木挂瓦条）(五)

| 图集名 | 平瓦、水泥彩瓦、西式陶瓦　泛水（木挂瓦条） | 图集号 | WM2-7 |